SoccerTowns
Libro Uno

En Español!

Andres Varela

Ilustraciones y Diseño Gráfico por Carlos F. Gonzalez
Co-Producción Germán Hernández
www.soccertowns.com
2014

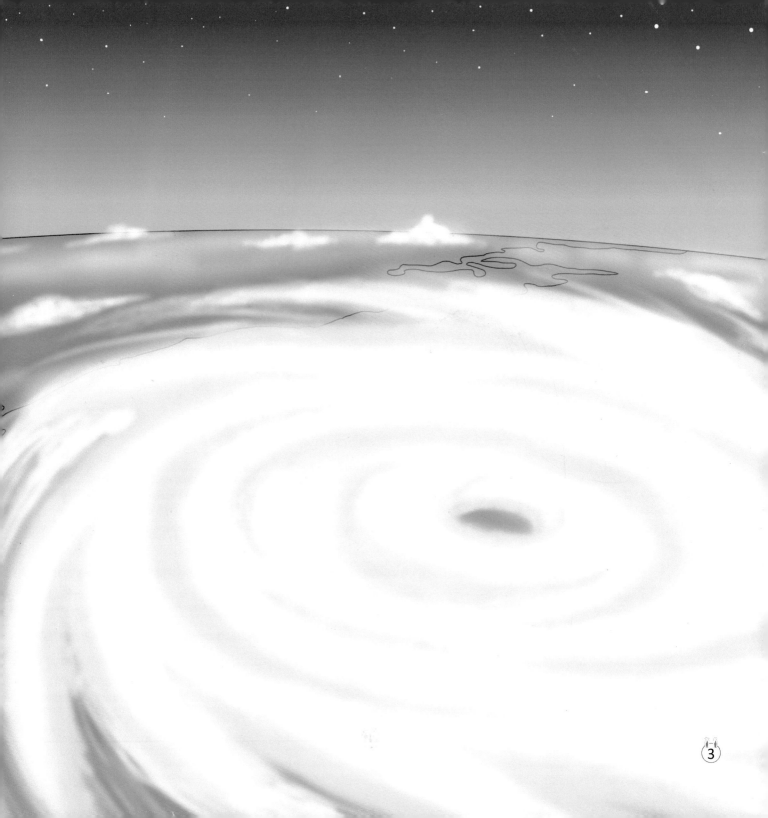

El Huracán Santi llegó al Golfo de Méjico, cerca a la costa de Texas. Nuestro amiguito redondo se despertó en la playa, sin saber quien es o que ha pasado; está muy asustado!

Ha aparecido en la playa de Galveston, que es una ciudad en el sur de Texas, cerca de la ciudad de Houston.

Texas queda localizado en el Sur de los Estados Unidos, cerca de la frontera con Méjico.

El personal de servicios de emergencia se encuentra rescatando sobrevivientes en la playa. Ellos lo encuentran y se lo llevan en ambulancia.

Es enviado a un hospital en la ciudad de Houston.

La ambulancia toma la autopista I-45 al Norte

para ir de Galveston a Houston.

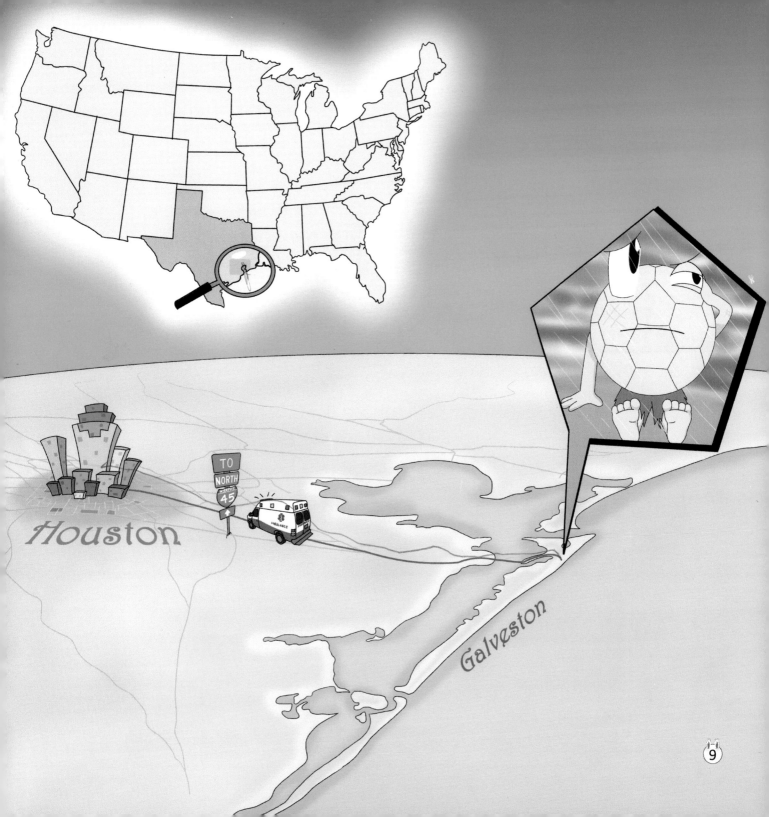

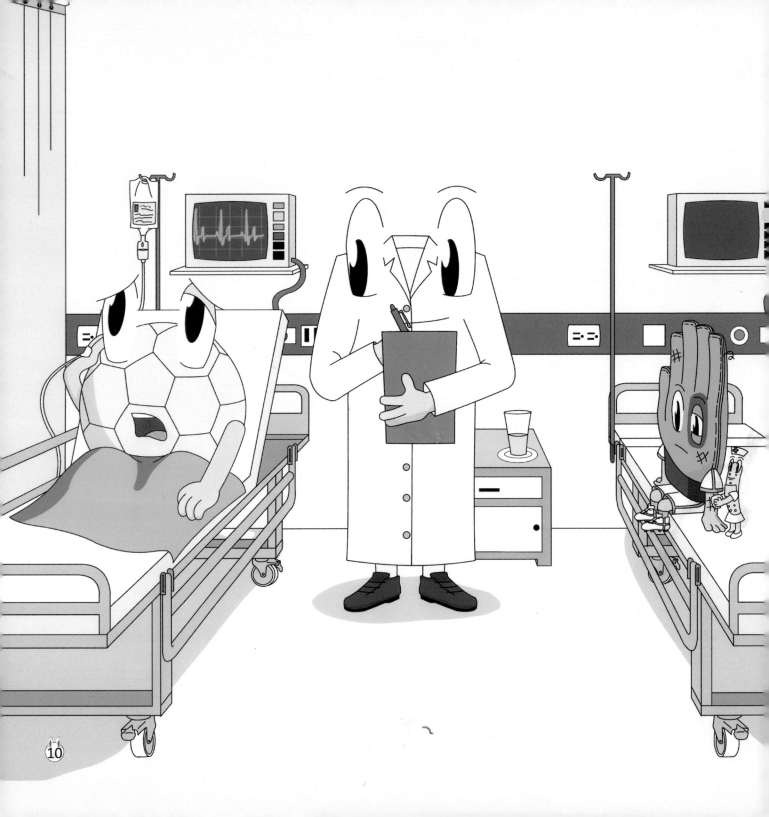

Las enfermeras lo registran en el hospital y le dan el nombre

de "Roundy". El doctor en el hospital descubre que tiene

amnesia. "Amnesia" es cuando no puedes acordarte de las

cosas.

En el cuarto de emergencia conoce a Gabe, quien

se ha lesionado jugando un partido de Fútbol.

El doctor le dice a Roundy que ya está bien físicamente,

que solo tiene una heridas leves y se puede ir a la casa.

El doctor también envía a Gabe a la casa después de tomar

unos medicamentos para el dolor.

Gabe convence a Roundy para que lo acompañe, porque

Roundy no conoce a nadie. Salen del cuarto de emergencia

al área de espera y Gabe le presenta a su familia y amigos que

lo han estado esperando en el hospital.

Su hermano gemelo, Ben, está allí con sus amigos, Shorty (de rojo)

Jersey (de verde), Emma (de violeta) y Earl (de azul).

13

Cuando Roundy se siente mejor, sus nuevos amigos lo llevan a conocer la ciudad de Houston. Roundy no se acuerda de nada pero se está divirtiendo con ellos.

Houston es una ciudad muy grande con muchos carros y cosas para hacer. Caminan por la ciudad esperanzados que Roundy recuerde algo de su vida, pero nada le parece familiar.

Encuentran un parque y Jersey le comienza a explicar a Roundy como se juega el deporte del Fútbol. Gabe y Ben son muy buenos atrapando balones, Emma y Earl son espinilleras o canilleras hechas de un material muy fuerte. Roundy se siente muy cómodo en el campo de Fútbol; como si hubiese nacido para estar allí!

Allí mismo Roundy conoce otros amigos; Arc, quien duerme, Tap quien está pintando las rayas y un par de banderas llamadas End y Tall.

Saliendo del campo hacia el parqueadero se encuentran otros amigos.

Cuando están caminando en el parqueadero uno de los entrenadores los detiene. Su nombre es Teo, quien es muy conocido en la comunidad del Fútbol de Houston.

Teo está formando un equipo para dar un recorrido a las Ciudades de Fútbol de Norte América.

Teo es muy amigable y comienza a explicarles que está buscando un grupo de amigos para dar un recorrido por las ciudades donde se juega al Fútbol en Norte América, y luego en el mundo!

Teo les muestra un mapa de Estados Unidos y Canadá con dibujos de algunas de las ciudades.

Todos están muy emocionados por el viaje porque aprenderán acerca de diferentes ciudades, y además jugando al Fútbol.

Cuando todos están de acuerdo en ir al viaje, Teo les dice que su primera parada es allí en Houston. Es la ciudad mas grande del Estado de Texas con más de 6 millones de personas en el área metropolitana!

Que significa "metropolitana"? Pregunta Roundy.

Teo le responde: "es la ciudad y todos sus alrededores".

Houston es la capital de la energía en los Estados Unidos, en producción de petróleo y gas natural. Es también la casa de La Administración Nacional de Aeronáutica y del Espacio (NASA).

"Uy, Houston es una ciudad muy importante!" dice Roundy.

El nombre del conductor de la van es Thomas. Es un muy buen amigo de Teo. Thomas les dice a todos que se coloquen el cinturón de seguridad y toma la autopista.

Salen del Estado de Texas y entran al Estado de Oklahoma también conocido como el estado de "la América Nativa".

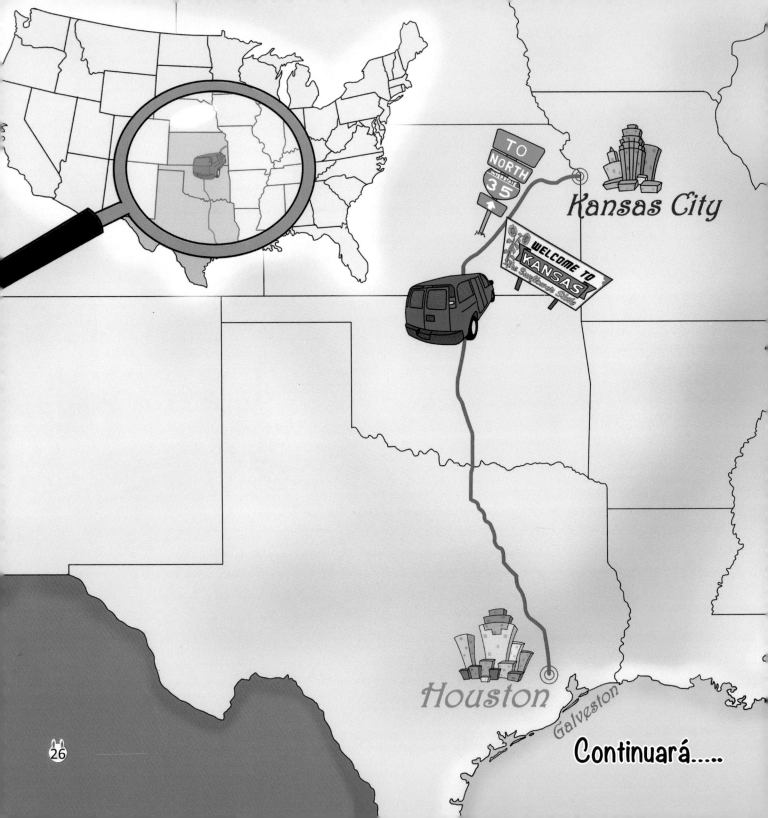

TO
NORTH
INTERSTATE
35
↑

Kansas City

WELCOME TO
KANSAS
The Sunflower State

Houston
Galveston

Continuará.....

El grupo continúa viajando hacia Kansas City por la autopista I-35.

Cruzan la línea entre el Estado de Oklahoma y el de Kansas. Se encuentran con el letrero de bienvenida a Kansas que dice "El Estado del Girasol".

Todos están muy emocionados; es solo el principio de una gran aventura!

Continuará.....

CPSIA information can be obtained
at www.ICGtesting.com
Printed in the USA
LVIC06n0402220914
405214LV00001B/1